FORSCHUNGSBERICHTE DES LANDES NORDRHEIN-WESTFALEN

Nr. 2056

Herausgegeben im Auftrage des Ministerpräsidenten Heinz Kühn
von Staatssekretär Professor Dr. h. c. Dr. E. h. Leo Brandt

DK 622.785

Prof. Dr.-Ing. Dres. h. c. Hermann Schenck
Prof. Dr.-Ing. Werner Wenzel
Dr.-Ing. Heinrich-Wilhelm Gudenau
Dr.-Ing. Volker Totzeck

Institut für Eisenhüttenwesen
der Rhein.-Westf. Techn. Hochschule Aachen

Arbeiten zur Normung der Sinterprüfverfahren

Springer Fachmedien Wiesbaden GmbH 1969

ISBN 978-3-663-20077-2   ISBN 978-3-663-20436-7 (eBook)
DOI 10.1007/978-3-663-20436-7

Verlags-Nr. 012056

© 1969 by Springer Fachmedien Wiesbaden
Ursprünglich erschienen bei Westdeutscher Verlag GmbH, Köln und Opladen 1969
Gesamtherstellung: Westdeutscher Verlag

Inhalt

1. Vorbemerkungen 5
2. Empfehlungen zur Vereinheitlichung der Pfannensinterversuche............. 11
   - 2a Empfehlungen der internationalen Arbeitsgruppe 12
   - 2b Fassung der Empfehlungen für Deutschland 14
3. Beschreibung der Aachener Normsinterpfanne 16
4. Betrieb der Normsinterpfanne 17
5. Gegenüberstellung von Vergleichsversuchen in der Normsinterpfanne und in einer runden Sinterpfanne.. 17
6. Durchführung von Vergleichsversuchen in der Versuchssinteranlage im Hüttenwerk Ijmuiden und in der Aachener Normsinterpfanne 19
7. Durchführung von Vergleichs- und Methodenerprobungsversuchen in der Aachener Normsinterpfanne und einem Slingeraufgabeverfahren 22
8. Zusammenfassung und Diskussion der Versuchsergebnisse 30

Anhang... 32

1. Vorbemerkungen

Das Saugzugsinterverfahren ist für die Stückigmachung der Eisenerze zum Zwecke der Verhüttung eines der Standardverfahren, das in vielen Hüttenwerken ausgeübt wird.
Um die Eignung verschiedener Erze für den Sinterprozeß zu erproben und Bewertungsgrundlagen für solche Erze von der Sicht der Agglomeration aus zu gewinnen, werden in allen Hüttenwerken Pfannensinterversuche durchgeführt, bei denen der großtechnisch kontinuierlich ablaufende Sinterprozeß stationär durchgeführt wird. Es hat sich gezeigt, daß die Pfannensinterversuchsanlagen in den verschiedenen Hüttenwerken zum Teil in ihrem Aufbau und in ihrer Betriebsweise weit voneinander abweichen. Dementsprechend ist es meist nicht möglich, Sinterversuche, die an einer Stelle durchgeführt worden sind, auf andere Standortbedingungen zu übertragen. Man steht oft vor der Tatsache, daß beim Einsatz gleicher Rohstoffe für die Pfannensinterversuche an verschiedenen Versuchsorten voneinander abweichende Ergebnisse erzielt werden, die der Anlaß zu Trugschlüssen und Mißverständnissen sind.
Diese Sachlage macht es erforderlich, eine Vergleichsprüfmethode zu entwickeln, die zweckmäßig immer dann angewandt werden sollte, wenn man Sinterversuche miteinander vergleichen will, die an verschiedenen Orten durchgeführt worden sind. Um nach Möglichkeit eine Vereinheitlichung der Pfannensinterversuche auf internationaler Basis zu erzielen, wurde aus Fachleuten der Länder

    Belgien-Luxemburg
    Frankreich
    Großbritannien
    Bundesrepublik Deutschland
    Italien
    Niederlande

eine Arbeitsgruppe gebildet, deren Chairman der deutsche Vertreter war.
Im Mai 1963 wurden von den Fachleuten der verschiedenen Länder die nachstehenden Vorschläge zur Vereinheitlichung der Pfannensinterversuche eingebracht.
Als Ergebnis der Beratung dieser Arbeitsgruppe wurden die nachfolgend wiedergegebenen Empfehlungen für die Vereinheitlichung der Pfannensinterversuche beschlossen, die von den einzelnen Teilnehmern der Beratung den Fachleuten ihrer Länder vorgelegt werden sollten.

Vorschläge der verschiedenen Länder zur Vereinheitlichung der Pfannensinterversuche

	Belgien	Frankreich	Großbritannien	Italien	Niederlande	Bundesrepublik
1. Abmessungen der Versuchseinrichtungen						
a) Notwendige Vereinheitlichung						
Pfannenabmessungen						
I. Rostfläche	340 mm ⌀ (0,0906 m²)	300 mm × 300 mm (0,09 m²)	610 mm × 610 mm (0,372 m²)	400 mm × 400 mm (0,16 m²)	400 mm × 400 mm (0,16 m²)	400 mm ⌀ (ggf. 300 mm ⌀)
II. Pfannenhöhe	340 mm	300 mm	305 mm	300–400 mm	300 mm	300–350 mm
III. Pfannenquerschnitt in 30 cm Höhe	408 mm	320 mm × 320 mm	senkrechte Wände	senkrechte Wände	–	420 mm ⌀ (ggf. 320 mm ⌀)
Zündung						
I. Zündhaube	geschlossene Zündhaube	geschlossene Zündhaube	Block feuerfester Steine mit 120 Gasdurchtrittsöffnungen	offene Zündhaube	Zündhaube feuerfest ausgekleidet, 4 Brenner in den Ecken	geschlossene Zündhaube
II. Zündgas	Stadtgas	Propan	Koksofengas	Propan	Koksofengas	Zündgas mit rd. 1000 kcal/Nm³
III. Abstand des Brenners von der Beschickungsoberfläche	100 mm	100 mm	≈ 50 mm	50–100 mm einstellbar	20 mm	Flammenspitzen auf Mischungsoberfläche. Abstand für angegebenes Zündgas neu bestimmen. (Für Leuchtgas 60 mm)
Mischeinrichtung	Eirichmischer, 760 mm ⌀	Eirichmischer, vertikale Trommel 750 mm ⌀ 270 mm Höhe 15 U/min	Vertikale Mischtrommel 1220 mm ⌀ 456 mm Höhe 14 U/min, gegenläufige Mischarme	Zementmischer Trommel 820 mm ⌀ 780 mm lang 25 U/min	Zementmischer	Mischer mit nachgeschalteter Rolliertrommel. a) Eirichmischer, vertikale Mischtrommel 750 mm ⌀, 270 mm Höhe, gegenläufig zu Rührarmen. 18 U/min b) Rolliertrommel, Füllungsgrad 15–25%, Umdrehungsgeschwindigkeit 35% der kritischen Geschwindigkeit.

(Fortsetzung)

	Belgien	Frankreich	Großbritannien	Italien	Niederlande	Bundesrepublik
Messung der Temperatur im Abgas						
I. Abstand des Thermoelementes vom Rost	340 mm	500 mm vom Rost in der Abgasleitung	456 mm	150 mm vom Saugkasten im Abgasrohr	250 mm von Saughaube	1 m Abstand in der Saugleitung (Mischtemperatur)
II. Schutzrohr	kein Schutzrohr		kein Schutzrohr	Schutzrohr aus rostfreiem Stahl (dünnwandig)	–	*kein* Schutzrohr
Vorrichtung für Festigkeitsuntersuchung	¼ Micumtrommel	¼ Micumtrommel	Ein Gewicht fällt auf eine 300-g-Probe 6,3 mm	½ Micumtrommel	1 Micumtrommel	nach internationaler Vereinbarung
I. Trommelabmessungen	1000 mm ⌀ 250 mm lang	1000 mm ⌀ 250 mm lang			1000 mm ⌀ 1000 mm Länge	
II. Winkeleisen in der Trommel	4mal 100×50×6	4mal 50 mm Höhe	12,7 mm Körnung auf einen »Amboß«		4mal 100 mm Höhe	
III. Umdrehungszahl	25 U/min	25 U/min	% > 6,3 mm Strength Index % < 3,2 mm Dust Index		25 U/min	Nach internationaler Vereinbarung

b) zu empfehlende Vereinheitlichungen

Rostausbildung

	Belgien	Frankreich	Großbritannien	Italien	Niederlande	Bundesrepublik
I. Stabbreite / Spaltbreite	10–5 mm Spalt	8 mm Stabbreite 5 mm Spalt	19 mm Stabbreite 6,3 mm Spalt	15 mm Stabbreite 5–6 mm Spalt	15 mm Stabbreite 5 mm Spalt	12 mm Stabbreite 5 mm Spalt
Zündbrennerausbildung	–	9 Rohre (rampes) mit 3 Reihen von 35 Löchern je Rohr	(Siehe unter »Zündhaube«!)	(kein eigener Vorschlag)	–	wird noch erprobt (für Leuchtgas 5-Ring-Brenner mit 1-mm-Bohrungen)
Thermoelement für Messung der Abgastemperatur	Chromel-Alumel	Chromel-Alumel	Chromel/Konstantan (500°C = 34,5 mV)	Fe/Fe-Konstanten	–	Fe/Fe-Konstantan (oder auch NiCr)

(Fortsetzung)

	Belgien	Frankreich	Großbritannien	Italien	Niederlande	Bundesrepublik
Gasmengenmessung	Angesaugte Luftmenge über der Zündhaube gemessen (Blende)	Angesaugte Luftmenge über Blende gemessen	Abgasmenge über Blende gemessen	Blende vor dem Gebläse für Abgase; evtl. Messung der abgesaugten Luftmenge über der Zündhaube (Blende)	Abgasmenge über Blende	Messung der angesaugten Luftmenge mittels Meßblende über der Zündhaube (Rohrdurchmesser festlegen z. B. 120 mm ⌀ für Rostfläche 300 mm Durchmesser)
Feuchtigkeitsbestimmung in der Sintermischung	5mal 100-g-Probe im Trockenschrank	Infrarotlampe	Trocknung bei 110 °C auch Calciumkarbidmethode	(Trocknung bei 105 °C)		Ultrarotstrahlen

2. Betriebsvorschriften für Versuchssinterungen
a) Notwendige Vereinheitlichungen

	Belgien	Frankreich	Großbritannien	Italien	Niederlande	Bundesrepublik
Schichthöhe	340 mm einschließlich 15 mm Rostbelag	300 mm einschließlich 30 mm Rostbelag	305 mm, kein Rostbelag	300 mm einschließlich 30 mm Rostbelag	300 mm	300 mm einschließlich 25 mm Rostbelag
Rostbelag	10–20 mm, Sinter	8–20 mm	–	8–20 mm	–	Eigenrostbelag 8–20 mm
Sinterbrennstoff	–	–	–	–	–	Koksgrus 0–3 mm
Zündung						
I. Zündzeit	1 min	1 min	1 min	1 min	2 min	1,5 min (wenn anders, angegeben!)
II. Zündwärme	12 000 kcal/m² in 1 min	15 500 kcal/m²	10 800 kcal/m² (5% Luftüberschuß)	12 500 kcal/m² in 1 min	12 500 kcal/m² in 2 min	15 000 kcal/m² in 1,5 min
III. Unterdruck bei der Zündung	–	400 mm WS	Der Unterdruck wird so eingestellt, daß nur die Abgase der Zündung + Luftüberschuß durch das Bett gesaugt werden. Der Unterdruck ändert sich daher mit der Gasdurchlässigkeit.	Nach den gewünschten Zündverhältnissen und der Durchlässigkeit der Schicht (200–300 mm WS bei offener Zündhaube)	200 mm WS (damit 1050–1100 °C Oberflächentemperatur erreicht wird)	800 mm WS

(Fortsetzung)

	Belgien	Frankreich	Großbritannien	Italien	Niederlande	Bundesrepublik
Unterdruck	900 mm WS	800 mm WS	510 mm WS Konstant	700 mm WS	–	800 mm WS
Mischzeit	Trocken 2 min feucht 5 min H_2O soll in 1 min zugegeben werden	–	≈ 3 min	Im trockenen Zustand 5 min im feuchten Zustand 3 min H_2O soll in 1 min zugegeben werden	–	1 min trocken, 2 min feucht, H_2O während der ersten ½ min Feuchtmischzeit zugeben. 3 min Rolliertrommel.
Bestimmung der Rückgutmenge	Ganzen Kuchen aus 1 m Höhe auf Stahlplatte stürzen, Bruchstücke erneut aus 1 m Höhe auf Stahlplatte. Absiebung auf »Sinex«-Siebturm (elektromagnetisch) 500 mm ⌀ Siebe Rundloch 80; 60; 40; 30; 20; 10; 5; 2,5; 1,25 mm Siebzeit 2mal 10 min Sinter – in 2 Teilen je ≈ 20 kg	Der Sinterkuchen wird in 4 Teile zerbrochen und auf einem »Sinex«-Siebturm gesiebt Maschensieb 8 mm	Der Sinterkuchen wird aus der Pfanne auf den Boden gestürzt. Anschließend Handabsiebung auf 12,5 mm. <12,5 mm Rückgut	a) Zerkleinerung durch Quartierung bis kein Stück 10 mm ist. b) Einfache Quartierung anschließendes Stürzen des Sinters, 2- bzw. 3mal aus 2 m Höhe	Heißen Sinterkuchen in Stücke schlagen von rd. 100 mm, kühlen und auf 8 mm sieben. Sinter >8 mm 4mal aus 1,80 m Höhe stürzen, 15 sec Siebturm. <8 mm Rückgut.	Ganzen Sinterkuchen auf einen Siebturm bestimmter Konstruktion setzen und sieben. Siebzeit festlegen.
Festigkeitsuntersuchung						
I. Probemenge	20 kg	12,5 kg	3mal 300 g	(10 kg)	50 kg	
II. Korngröße der Probe	>10 mm	8–40 mm	6,3–12,7 mm	(8–100 mm)	8–20 mm	
III. Zahl der Trommelumdrehungen	100 (4 min)	100 (4 min)	–	(200)	75 (3 min)	Nach internationaler Vereinbarung
IV. Endabsiebung	1,25; 2,5; 5; 10; 20; 30; 40 mm	1,25; 2,5; 5; 10 mm	6,3 mm, 3,2 mm (Es wird beabsichtigt, in Zukunft auch entweder ½ Micumtrommel oder den ASTM-Trommel-Test anzuwenden.)	(8 mm)	8 mm	

(Fortsetzung)

	Belgien	Frankreich	Großbritannien	Italien	Niederlande	Bundesrepublik
Sinterzeit	Zeit bis zum Erreichen des Temperaturmaximums im Abgas	Zeit vom *Ende* der Zündung bis zum Temperaturmaximum im Abgas	Zeit bis zum Erreichen des Temperaturmaximums im Abgas	Beginn der Zündung bis zum Temperaturmaximum im Abgas. Für die Berechnung der Sinterleistung wird vorgeschlagen: a) Um 5% erhöhte Sinterzeit. b) Die Zeit vom Beginn der Zündung bis zu dem Zeitpunkt, zu dem die Abgastemperatur nach Durchlaufen des Maximalwertes wieder um 20°C abgesunken ist.	–	Beginn der Zündung bis Temperaturmaximum im Abgas + 1 min

2. Empfehlungen zur Vereinheitlichung der Pfannensinterversuche

Als wesentlichste Bedingungen für einen gleichmäßigen, vergleichbaren Ablauf der Sinterung wurden erkannt:

1. die Vorbehandlung der Sinterrohmischung,
2. die Beschickung der Sinterpfanne,
3. die Zündung,
4. die Bestimmung der Rückgutmenge.

Für die Festlegung dieser Bedingungen sind von der internationalen Arbeitsgruppe die folgenden Empfehlungen erarbeitet worden:

2a Empfehlungen der internationalen Arbeitsgruppe für die Vereinheitlichung der Pfannensinterversuche

I. Vorbehandlung der Mischung		1. Mischeinrichtung	Eirichmischer 25 U/min, Drehsinn von Trommel und Rührer gegenläufig, Rührer dreht sich außermittig
		1.1 Mischzeit	2 min trocken, 4 min feucht, Wasser in der 1 min der Feuchtmischzeit feinverteilt zugeben
		2. Rolliereinrichtung	Rolliertrommel 450 mm ⌀, 1000 mm Länge, horizontale Achse, 50 U/min
		2.1 Rollierzeit	10 min
II. Beschickung und Sinterung	a) Abmessung der Versuchspfanne	3. Rostfläche	400 mm × 400 mm, Wände senkrecht, Pfanne zweiteilig (nach britischem Vorschlag) (eine Seitenwand abnehmbar)
		4. Pfannenhöhe	300–350 mm (etwas höher als 300 mm)
		5. Rostausbildung: Spaltbreite / Stabbreite	5 mm / 12 mm empfohlen
		Messung der Abgastemperatur	(Thermoelement)
		6. Abstand vom Rost	500 mm vom Rost in der Abgasleitung
		7. Schutzrohr	Kein Schutzrohr
	b) Betriebsvorschriften	8. Aufgabe der Sintermischung	Abrollen der Sintermischung über ein schräges Aufgabeblech
		9. Schichthöhe	300 mm einschließlich 20 mm Rostbelag
		10. Rostbelag	Sinter, 10–20 mm (Rundlochsieb)
		11. Sinterbrennstoff	Koksgrus, 0–3 mm, maximal 30% <0,5 mm
		12. Unterdruck nach beendigter Zündung	800 mm WS
		13. Versuchszeit	Beginn der Zündung bis Temperaturmaximum im Abgas
III. Zündung		14. Zündzeit	1 min
		15. Zündwärme	12 500 kcal/m² min
		16. Unterdruck bei der Zündung	Unterdruck so einstellen, daß bei 12 500 kcal/m² min 1150° C Oberflächentemperatur erreicht werden. Mit Thermoelement 5 mm unter der Oberfläche gemessen.
			Die zur Erzielung der Oberflächentemperatur von 1150° C erforderliche Überschußluft muß gleichmäßig von oben durch die Brennebene zugeführt werden (entweder als Primärluft [Verbrennungsluft] oder als Sekundärluft). Die Zündhaube soll gegen den Pfannenrand abgedichtet sein. Andernfalls muß der Unterdruck mindestens so hoch sein, daß ein »Ausflammen« und damit ein Verlust von Zündkalorien verhindert wird.

IV. Bestimmung der Rückgutmenge	17. Beanspruchung des Sinterkuchens	1. Vierteilung des Sinterkuchens: eine »messerartige« Platte, die die gleiche Breite wie der Sinterkuchen, 400 mm, hat, wird zweimal – kreuzweise – mit einem Hammer durch den Sinterkuchen geschlagen, der aus der Pfanne entnommen und auf eine feste Unterlage gestellt worden ist. 2. Stürzen: die vier etwa gleich großen Stücke werden aus 2 m Höhe dreimal auf eine Stahlplatte gestürzt. Rückgut: Korn <10 mm Rundloch (später: ganzen Sinterkuchen in Micumtrommel, x Umdrehungen).
	18. Absiebung	<10 mm Rundloch ist Rückgut
V. Festigkeitsuntersuchung a) Vorrichtung	19. Trommelabmessungen 20. Winkeleisen in der Trommel 21. Umdrehungszahl	1000 mm ⌀, 250 mm lang (¼ Micum) 4mal 100 mm Höhe 25 U/min
b) Betriebsvorschriften	22. Probemenge 23. Korngröße der Probe 24. Zahl der Trommelumdrehungen 25. Endabsiebung	 10–40 mm (Rundlochsieb) 75 (3 min) <5 mm, >10 mm (Rundlochsiebe)
VI. Hilfsmessungen	26. Feuchtigkeitsbestimmung in der Sintermischung 27. Gasmengenmessung	Ultrarotlampe, Probemenge mindestens 100 g Maximaltemperatur 150° C Angesaugte Luftmenge über der Zündhaube

2b Fassung der Empfehlungen für die Anwendung in Deutschland

Für die Bundesrepublik Deutschland wurden die Empfehlungen zur Vereinheitlichung der Pfannensinterversuche am 17. August 1967 in Aachen vom Unterausschuß für Möllervorbereitung des Vereins Deutscher Eisenhüttenleute diskutiert und für die Anwendung in Deutschland wie folgt festgelegt:

I. Vorbehandlung der Mischung

1.	Mischeinrichtung	Zwangsmischer, z. B. Zementmischer oder Mischer der Bauart Eirich. Bei Verwendung eines Eirich-Mischers sollte der Füllgrad zwischen 15 und 25% liegen. Der Füllgrad ist anzugeben.
1.1	Mischzeit	2 min naturfeucht, 2 min feucht. Wasserzugabe mit Beginn der Feuchtmischzeit. Reicht die Feuchtmischzeit von 2 min nicht aus, um das zugesetzte Wasser aufzunehmen, so ist die Gesamtfeuchtmischzeit anzugeben.
2.	Rolliereinrichtung	Nicht vorgeschrieben. Wird rolliert, so müssen Einrichtung, Rollierzeit und Füllgrad (max. 25%) angegeben werden.

II. Beschickung und Sinterung

a) Abmessungen der Versuchspfanne

3.	Rostfläche	400 × 400 mm, Wände senkrecht, Pfanne ein- oder zweiteilig
4.	Pfannenhöhe	350 mm, mit der Möglichkeit die Höhe zu vergrößern (Aufsatz)
5.	Rostausbildung Spaltbreite / Stabbreite	5 mm / 12 mm empfohlen
6.	Messung der Abgastemperatur Abstand des Thermoelementes vom Rost	Thermoelement (ohne Schutzrohr) mindestens 500 mm vom Rost in der Abgasleitung

b) Betriebsvorschriften

7.	Aufgabe der Sintermischung	von Hand
8.	Schichthöhe	300 mm einschließlich Rostbelag
9.	Rostbelag	Sinter; rd. 5 kg der Körnung 10–20 mm (Quadratlochsiebe); Angabe des Gewichtes des aufgegebenen Rostbelags.
10.	Sinterbrennstoff	Koksgrus (Angabe der Korngröße sowie Asche und Nässe)
11.	Unterdruck nach beendigter Zündung	800 mm WS bzw. Unterdruck angeben
12.	Versuchszeit	Beginn der Zündung bis Temperaturmaximum im Abgas + 1 min

III. Zündung

    13. Zündzeit   1,5 min

    14. Zündwärme   15 000 kcal/m² min bei vorgeheizter Zündhaube. Ggf. unterschiedliche Zündzeit und Zündwärme aggeben.

    15. Unterdruck bei der Zündung   Unterdruck so einstellen, daß bei 15 000 kcal/m² min 1150°C Oberflächentemperatur erreicht werden. Mit Thermoelement (Schutzrohr aus Stahl) an der Oberfläche gemessen. Die zur Erzielung der Oberflächentemperatur von 1150°C erforderliche Überschußluft muß gleichmäßig von oben durch die Brennerebene zugeführt werden [entweder als Primärluft (Verbrennungsluft) oder als Sekundärluft]. Die Zündhaube soll gegen den Pfannenrand abgedichtet sein. Andernfalls muß der Unterdruck mindestens so hoch sein, daß ein »Ausflammen« und damit ein Verlust von Zündkalorien verhindert wird.

IV. Ermittlung der Rückgutmegge

    16. Beanspruchung des Sinterkuchens   3mal aus 2 m Höhe auf eine Stahlplatte stürzen. Größere oder kleinere Beanspruchung ist anzugeben.

    17. Absiebung   < 6,3 mm auf Quadratlochsieben ist Rückgut. Für die Siebung auf dem Wolfschen Siebturm wird folgende Siebreihe empfohlen (vgl. ISO-Siebreihe, Quadratloch, ggf. DIN 4187) 63; 40; 25; 16; 6,3 mm Siebbelastung (vgl. DIN 4193).

V. Festigkeitsuntersuchungen

a) Vorrichtung

    18. Trommelabmessungen   1000 mm ⌀, 500 mm lang (ISO-Trommel)
    19. Winkeleisen   2 Stück, von je 50×50×5 mm
    20. Umdrehungsgeschwindigkeit   25 U/min

b) Betriebsvorschriften

    21. Probemenge   15 ± 0,25 kg trocken
    22. Korngröße der Probe   10–40 mm (Quadratlochsiebe)
    23. Zahl der Umdrehungen   200 (8 min)
    24. Endabsiebung   Empfohlene Siebreihe (ISO-Reihe) 40; 25; 16; 6,3; 0,5 mm
                                              > 6,3 mm Trommelfestigkeit
                                              < 0,5 mm Abrieb (vgl. ISO/TC 102 WG 1 2. Entwurf Trommelprüfung)

VI. Hilfsmessungen

    25. Feuchtigkeitsbestimmung
        in der Sintermischung   Ultrarotlampe, Probemenge mindestens 100 g.
                                                      Maximaltemperatur 150° C.
    26. Gasmengenmessung   Angesaugte Luftmenge über der Zündhaube

3. Beschreibung der Aachener Normsinterpfanne

Auf Grund der ausgearbeiteten Empfehlungen vom 3. 12. 1963 wurde im Eisenhütteninstitut der Technischen Hochschule Aachen eine Normsinterpfanne gebaut. Diese Normsinterpfanne wurde möglichst weitgehend den gemeinsamen Empfehlungen der Arbeitsgruppe angepaßt; sie ist in den Abb. 1–4 dargestellt.

Abb. 1 ist ein Blick auf die Normsinterpfanne. Unten rechts der Absaugestutzen mit dem Regulierschieber, oben die Luftansaughaube mit der Meßstrecke. Auf der Ansaughaube befinden sich der Rohransatz für die Einführung des Zündgasrohres und das Beobachtungsfenster.

Die beiden beweglichen Seitenwände sind heruntergeklappt. Sie sind mit Asbestplatten zum Zwecke der Abdichtung versehen. Links unten sind erkennbar die Handräder, mit denen die Hilfswände nach oben bewegt werden, nachdem die Beschickung eingefüllt ist.

Die Abb. 2 zeigt das Aufsetzen des Beschickungsapparates. Bei der Abb. 3 ist die Beschickungswanne auf die Sinterpfanne aufgesetzt.

Bei der Abb. 4 befindet sich das auf der Beschickungswanne verfahrbare Beschickungsblech in Arbeitsstellung. Die Abb. 5 zeigt den Beschickungsvorgang. Mittels einer Schaufel wird der in einem Eirichmischer gekrümelte Möller am oberen Ende auf das verfahrbare Beschickungsblech gegeben. Er rollt in grundsätzlich gleichartiger Weise wie bei dem Beschickungsvorgang eines Sinterbandes nach unten und bildet auf dem Rost eine Böschung.

Die Bewegung des Beschickungswagens imitiert die Rostbewegung. In den Abb. 6 und 7 ist zu erkennen, wie bei diesem Beschickungsvorgang genau wie bei der Beschickung eines bewegten Sinterrostes eine Entmischung des Möllers auf der Abrollfläche stattfindet, so daß über dem Rost die gröberen Teilchen liegen und oben das feinere Material. Die Abb. 8 zeigt die fertiggefüllte Beschickungswanne. In den Abb. 9, 10 und 11 wird gezeigt, wie die Sinterpfanne für die Sinterung vorbereitet wird. Bei Abb. 9 sind die beweglichen Hilfswände mittels der Handräder nach oben bewegt worden.

Man sieht sie aus der Oberfläche der Beschickung herausragen. Der Beschickungswagen wird nun entfernt, und der Möller wird außerhalb der Hilfswände aus der Beschickungswanne herausgenommen; danach wird die Beschickungswanne von der Sinterwanne abgehoben. Sie Abb. 10 zeigt die Sinterpfanne mit den Hilfswänden, gegen die von außen in Abb. 11 die beweglichen Seitenwände gelegt werden, und die Dichtungen werden durch Flügelschrauben angepreßt.

Die Abb. 12 zeigt das Aufsetzen der Luftzuführungshaube auf die Sinterpfanne, und in der Abb. 13 ist der Zündvorgang dargestellt. Es wird hier gerade eine Gasflamme als Lunte in die Zündhaube eingebracht.

Die Gesamtansicht der geschlossenen Normsinterpfanne zeigt die Abb. 14. Wird an Stelle der unbeheizbaren Luftzufuhrhaube eine vorgeheizte Zündhaube eingesetzt, so muß diese zunächst auf einem Brenntischgestell aufgeheizt werden (Abb. 15).

Diese Zündhaube wird dann vom Brenntischgestell abgehoben und durch einen Seilzug mit einer Kurbel über die Normsinterpfanne gezogen (Abb. 16) und dort mit dem Flaschenzug auf die Normsinterpfanne abgesetzt (Abb. 17).

Die Abb. 18 ist eine Aufnahme der Sinterpfanne während des eigentlichen Sintervorganges.

Bei der Abb. 19 ist nach erfolgter Sinterung die Haube abgehoben. Man sieht auf die Oberfläche des gesinterten Blockes.

Bei der Abb. 20 ist eine der beweglichen Seitenwände der Sinterpfanne heruntergeklappt, und die anliegende Hilfswand wurde durch das Handrad herunterbewegt. Bei der Abb. 21 ist die Sinterpfanne nach beiden Seiten geöffnet, um den Sinterblock entfernen zu können.

Die Abb. 22 und 23 zeigen die Herausnahme des Sinterblockes mittels einer Zangenhebevorrichtung.

Auf der Abb. 24 wird der Sinterblock, ohne daß er inzwischen abgesetzt wurde, an die Öffnung der Micumtrommel heranbewegt. Die Abb. 25 zeigt das Einsetzen des Sinterblockes in die Micumtrommel, in der die Rückgutmenge bestimmt wird.

Abb. 26 zeigt schematisch die Normsinterpfanne bei der Beschickung sowie während des Zünd- und Sintervorganges.

4. Betrieb der Normsinterpfanne

Die Betriebsweise der Sinterpfanne erfolgt nach Empfehlungen der Arbeitsgruppe. Es hat sich gezeigt, daß nach diesen Empfehlungen mit einiger Übung schnell gearbeitet werden kann und daß sich sehr gut reproduzierbare Ergebnisse erzielen lassen.

Besonders die Bestimmung der Rückgutmenge in der Micumtrommel durch Einsetzen des gesamten Sinterblockes in diese Trommel, die in den Empfehlungen als endgültig wünschenswerte Methode enthalten ist, hat sich bewährt. Diese Methode ermöglicht es als einzige Beanspruchungsform, den Zerkleinerungsvorgang weitgehend den individuellen Vorgängen bei dem Transport des Fertigsinters von der Sinteranlage zum Hochofen bei jedem Hochofenwerk anzugleichen. Diese Angleichung erfolgt auf einfache Weise durch die Anzahl der Umdrehungen in der Micumtrommel. Im Aachener Eisenhütteninstitut wurde der Sinterblock mit 8 und 25 Umdrehungen getrommelt. Es wurde gefunden, daß die 8 Umdrehungen etwa der Beanspruchung entspricht, die beim drei- bis viermaligen Abstürzen auf eine Stahlplatte hervorgerufen wird.

5. Gegenüberstellung von Versuchsergebnissen in der Normsinterpfanne und in einer runden Sinterpfanne in Aachen

Um die Notwendigkeit der Vereinheitlichung der Pfannensinterversuche zu zeigen, wurden entsprechende Vergleichsversuche mit der neuen und der alten Aachener Pfannensinteranlage durchgeführt. Die nachfolgend mitgeteilten Ergebnisse zeigen, daß zwischen der Normmethode und der früher angewandten Methode zum Teil beträchtliche Abweichungen bestehen.

Gegenüberstellung der Versuchsergebnisse der Normsinterpfanne und der runden Sinterpfanne (300 mm i ⌀)

Mischung Hagen-Haspe vom 8. 3. 1965

5.1 Zusammensetzung der Mischung

Thomasschlacke	2,50%	Körnung 0–8 mm
Kiruna-D	34,75%	Körnung 0–8 mm
Gällivare	9,00%	Körnung 0–8 mm
Venezuela	21,50%	Körnung 0–8 mm
Rückgut	32,25%	Körnung 0–8 mm
Summe	100,00%	Körnung 0–8 mm

5.2 Chemische Zusammensetzung der Mischungskomponenten

	FeO %	Fe_2O_3 %	Fe %	Mn %	P %	SiO_2 %	Al_2O_3 %	CaO %	MgO %
Thomasschlacke	1,78	16,54	17,30	2,93	6,18	7,27	1,85	46,08	2,21
Kiruna-D	25,64	58,24	60,54	0,06	1,52	3,49	0,80	5,27	1,29
Gällivare	19,75	62,17	58,63	0,03	0,56	9,28	1,84	2,55	1,52
Venezuela	0,57	89,78	63,15	0,01	0,10	1,73	1,69	0,05	0,05
Rückgut	13,40	66,05	56,58	0,40	1,20	5,74	2,05	7,15	0,71

5.3 Ergebnisse

	Normsinterpfanne	Runde Sinterpfanne
Mischmethode	Eirichmischer TR 21	Eirichmischer TR 21
Aufgabemethode	genormtes Aufgabeblech	mit Schaufel
Gesamteinwaage der Rohsinterung (trocken)	180 kg	37,0 kg
Kohle (auf Rohsintermischung bezogen)	11,4 kg = 6,35%	2,35 kg = 6,35%
Feuchtigkeit	8,5 Gew.-%	8,5 Gew.-%
Unterdruck	800 mm WS	800 mm WS
Sinterrohmischungseinwaage in der Sinterpfanne	ca. 80 kg	42,25 kg
Rostbelag (Fertigsinter 10–25 mm)	4 kg	2,2 kg
Rostbelagshöhe	2,0 cm	2,0 cm
Gesamtschichthöhe einschl. Rostbelag	30,0 cm	30,0 cm
Schüttgewicht	1,78 kg/dm³	1,67 kg/dm³
Kaltgasdurchlässigkeit	66,5 Nm³/min m²	50,1 Nm³/min m²
Mittlere Gasdurchlässigkeit	35,7 Nm³/min m²	30,8 Nm³/min m²
Sinterzeit	15¼–15½ min	19¾–20½ min
Sintergeschwindigkeit	1,94 cm/min	1,48 cm/min
Sinterausbringen (a) Fertigsinter 10 mm	47,5 kg	24,1 kg

	Normsinterpfanne	Runde Sinterpfanne
Rückgut (a) 10 mm	24,7 kg = 34,2%	12,2 kg = 33,6%
Sinterleistung	27,6 t/m 24 h	24,4 t/m 24 h
Abriebfestigkeit (b) <5 mm	23,4%	19,3%
Abriebfestigkeit (b) <1 mm	8,25%	8,1%

(a) Zur Bestimmung von Fertigsinter und Rückgut zum Ausgleich der Rückgutbildung wurde der Sinterkuchen bei der Normsinterpfanne mit 8 Umdrehungen = 4,80 m Fallhöhe und bei der runden Pfanne mit 9 Umdrehungen = 5,40 m Fallhöhe getrommelt. In beiden Fällen wurde 1 min lang abgesiebt.

(b) Die Fraktion >10 mm wurde zur Ermittlung der Abriebfestigkeit erneut eine Minute lang bei 25 U/min getrommelt und abgesiebt.

6. Durchführung von Vergleichsversuchen in der Versuchssinteranlage beim Hüttenwerk Ijmuiden und in der Aachener Normsinterpfanne

Nachdem sich aus den Versuchsergebnissen in Aachen deutliche Unterschiede gezeigt haben, die offensichtlich auf die Aufgabemethode, die Pfannenart und die Pfannenabmessungen zurückgeführt werden müssen, schlossen sich Vergleichsuntersuchungen in der Aachener Normsinterpfanne und in der Sinterversuchsanlage beim Hüttenwerk Ijmuiden an. Dabei wurden sowohl die Abmessungen der Pfanne, die Vorbehandlung der Mischung als auch die Aufgabemethode variiert.

6.1 Verwendete Mischung

Die verwendete Mischung stammte vom Hüttenwerk Ijmuiden und wurde aus einer laufenden Tagesproduktion der Sinteranlage dieses Werkes entnommen.

Zusammensetzung der Mischung:

Mano River fein	15%	Carol Lake Konzentrat	30 %
Mano River gebr. und ges.	8%	Rückgut	50 %
Freya fein	15%	Dolomit	15 %
Martinschlacke	10%	Kalkstein	8 %
Marampa Konzentrat	22%	Löschkalk	2,2%

Chemische Analyse der trockenen Erzmischung:

Fe	57,41	SiO_2	5,72
CaO	3,72		
MgO	1,11	Al_2O_3	1,88

Basizität des Fertigsinters:

$$b = \frac{CaO + MgO}{SiO_2 + Al_2O_3 + TiO_2} = 1,93$$

Analyse des Fertigsinters:

Fe	54,5%	SiO_2	6,4%
CaO	13,2%	TiO_2	2,2%
MgO	3,4%	Al_2O_3	2,2%

6.2 Vorbehandlung der Mischung

in Aachen: jeweils Eirichmischer TR 21
in Ijmuiden: Zementmischer
Mischzeit: in Aachen und Ijmuiden jeweils 2 min trocken; 5–6 min feucht

6.3 Aufgabe der Sintermischung

in Aachen: Abrollen der Mischung über ein schräges Aufgabeblech (45°) in die Aachener Normsinterpfanne (Abmessungen 400×400×360 mm)
in Aachen: nach der Ijmuidener Methode, Aufgabe der Mischung mit der Schaufel direkt in die Aachener Normsinterpfanne (Abmessungen wie vor)
in Ijmuiden: nach der Ijmuidener Methode, Aufgabe der Mischung mit der Schaufel direkt in die Ijmuidener Versuchssinterpfanne (Abmessungen 450×450 mal 300 mm)

6.4 Schichthöhe

in Aachen und Ijmuiden jeweils 300 mm einschließlich 20 mm Rostbelag.

6.5 Zündung

Zündzeit
in Aachen und Ijmuiden jeweils 1 min

Zündwärme
in Aachen: 17 200 kcal/m² min
in Ijmuiden: 11 700 kcal/m² min

Die hohe Zündwärme bei der Zündung der Sinterschicht in Aachen ist hauptsächlich darauf zurückzuführen, daß keine Vorwärmung der Zündhaube vor Versuchsbeginn stattfindet. Die Abweichung von der in den Empfehlungen genormten Zündwärme von 12 500 kcal/m² min beruht somit auf Strahlungsverlusten.

6.6 Zündhaube

in Aachen: nicht gemauert und nicht vorgewärmt
in Ijmuiden: gemauert und auf 1100 °C vorgewärmt

6.7 Unterdruck

in Aachen und Ijmuiden jeweils 1000 mm WS

6.8 Versuchszeit

in Aachen und Ijmuiden jeweils von Beginn der Zündung der Sinterschicht bis zum Temperaturmaximum des Abgases.

6.9 Bestimmung der Rückgutmenge

in Aachen: Einsetzen des gesamten Sinterblockes in die Micumtrommel (Abmessungen 950×1000 mm ⌀, innen mit vier Winkeleisen 100×5 mm)
Trommeln des Sinterblockes acht Umdrehungen

in Ijmuiden: Absieben auf dem Siebturm in zwei Portionen mit Rundlochsieben 60, 40, 30, 20, 10, 5, 1 mm
Siebzeit: 1 min
Rückgut: Anteil <10 mm Rundlochsieb
in Ijmuiden: Gesamtmenge viermal Stürzen von 1,80 m Höhe
Absieben auf dem Siebturm in Portionen von ±20 kg mit Rundlochsieben 40, 20, 15, 10, 8, 5 mm
Siebzeit: 15 sec
Rückgut: Anteil <10 mm Rundlochsieb

6.10 Bestimmung des Abriebs

in Aachen: Einsatz des gesamten Anteiles >10 mm in die Micumtrommel (Abmessungen wie vor)
Trommeln: 50 Umdrehungen
Absieben: wie bei der Rückgutbestimmung
Abrieb: Anteil <5 mm oder <1 mm
in Ijmuiden: Einsetzen von 50 kg Fertigsinter der Körnung 8–15 mm in die Ijmuidener Trommel
Trommeln: 50 Umdrehungen
Absieben: wie bei der Rückgutbestimmung
Abrieb: Anteil <5 mm

6.11 Ergebnisse der Vergleichsversuche

	1	2	3	
Sinterpfanne	Aachen	Aachen	Ijmuiden	
Mischmethode	Aachen	Aachen	Ijmuiden	
Aufgabenmethode	Aachen	Ijmuiden	Ijmuiden	
Gesamteinwaage der Rohsintermischung (trocken)	200	100	100	kg
Kohle (auf Rohsintermischung, Rückgut bez.)	5,0 + 4,0	5,0 + 4,0	5,0 + 4,0	%
Feuchtigkeit	5,7 ± 0,1	5,7 ± 0,1	5,7	%
Sintermischungseinwaage (einschließlich Feuchtigkeit und Kohle) in der Pfanne	78,5	85,2	101,5	kg
Schüttgewicht	1,75	1,89	1,78	kg/dm³
Gesamtschichthöhe	30	30	30	cm
Unterdruck	1000	1000	1000	mm WS
Kaltgasdurchlässigkeit	73,5	47,0	39,5	Nm³/m² min
Sinterzeit (min. bis max.)	10½–10¾	12¾–13¼	13–14	min
Rückgut: <10 mm				
a) Stürzen	–	–	39,3	%
b) Trommeln	29,4	34,0	31,7	%
Sinterleistung: >10 mm				
a) nach Stürzen	–	–	25,5	t/24 h m²
b) nach Trommeln	35,0	30,2	28,1	t/24 h m²
Abriebfestigkeit: <5 mm	14,7	12,7	12,6	%
Sintergeschwindigkeit	2,66	2,20	2,09	cm/min

7. Durchführung von Vergleichs- und Methodenerprobungsversuchen in der Aachener Normsinterpfanne und einem Slingeraufgabeverfahren

Um zusätzliche Vergleichsmöglichkeiten zu erhalten, wurden weitere Versuche unternommen, die die Möglichkeit einer Zwangskrümelungsmethode durch Slingeraufgabe an der Normsinterpfanne erproben und deren Reproduzierbarkeit unter Beweis stellen sollte.

7.1 Kurzbeschreibung des Slingersinterverfahrens

Die für das Slingersinterverfahren angewandte Versuchsanlage (Abb. 27) kann man in folgende Teilaggregate aufgliedern:

a) Beschickungsanlage
b) Slingerapparat
c) Verfestigungsband
d) Normsinterpfanne

a) Die Beschickungsanlage besteht aus einem Erzbunker mit 175 l Inhalt, in den der Sintermöller eingesetzt wird, aus einem Kohlebunker mit 40 l Inhalt und aus einem stufenlos regulierbaren Förderband, das unter dem Erzbunker läuft und den Sintermöller zum Slingerapparat transportiert.
Der Kohlebunker mit einer Förderschnecke bietet die Möglichkeit der Brennstoffeinsparung durch kontinuierlich übergehende Mehrschichtensinterung, da mittels der Förderschnecke die Koksgruszufuhr stufenlos dosiert werden kann.
b) Die Slingermaschine besteht aus einer von einem Gehäuse umgebenen schnell rotierenden Achse, auf der auswechselbar Schaufeln angebracht sind. Vom Förderband fällt der Möller in die Maschine, deren Schaufeln schnell hintereinander in den fallenden Materialstrom schlagen und ihn auf ihre eigene Umlaufgeschwindigkeit beschleunigen.
c) Das Verfestigungsband dient als Aufprallfläche zur Verfestigung des Sintermöllers und als Transportband zur Sinterpfanne. An der Umkehrrolle wird die teilweise angeklebte und sehr verfestigte maximal 20 mm dicke Materialschicht durch ein Abstreifmesser vom Band gelöst, die krümelig in 2–20 mm große Stücke zerbricht und beim Einfallen in die Pfanne ohne senkrechte Entmischung aufgeschichtet wird. Das stufenlos regelbare Verfestigungsband kann senkrecht zur Förderrichtung bewegt werden, um eine gleichmäßige Beschickung in die Pfanne zu ermöglichen.
d) Der eigentliche Sintervorgang findet sodann in der Normsinterpfanne statt, ohne daß vorher die Beschickungswanne und die Hilfswände in Aktion treten.
Festigkeitsuntersuchungen werden dagegen wie in den Empfehlungen der Normsinterung vorgenommen.

7.2 Vergleichsversuche I

Als Ausgangsmaterial für die folgenden Versuche wurde zuerst eine vom Hüttenwerk Rheinhausen zur Verfügung gestellte Sintermischung und eine vom gleichen Werk gelieferter Koksgrus verwendet. Die Einzelkomponenten der fertigen Mischung und chemische Analysen der einzelnen Bestandteile sind in den folgenden Tabellen festgehalten.

Sintermischung Rheinhausen

Zusammensetzung der Mischung

Die Mischung besteht aus

53%	Mischerz
40%	Nimba
7%	Mano River

100%

Es sind enthalten 30% Rückgut.

Zusammensetzung des Mischerzes

	%
Gichtstaub P-arm (Stahl)	5,0
Walzenschlacke	12,0
Rotschlamm	5,5
Rotmöller	6,0
F'Derik	13,5
LD-Staub	3,2
Abbrände Dbg.	4,0
Mischerz*	5,0
Mano River	20,0
Feinspat	4,1
Bong Range	9,4
Bomi Hill fein	3,3
Bomi Hill Konz.	9,0
	100,0

In Abb. 28 ist das Körnungsdiagramm des Koksgruses und der Sintermischung festgehalten; Kurz- und Körnungsanalyse des Brennstoffes sind in folgender Tabelle angegeben.

Verwendeter Koksgrus Rheinhausen
<5 mm

Kurzanalyse

	%
Wasser	0,8
Asche wf.	13,3
Fl. Best. wf.	2,1
Fl. Best. waf.	2,4
Koks	97,1

Körnungsanalyse des Koksgrus
<5 mm

	%
>4 mm	5,07
>3 mm	5,07
>2 mm	12,20
>1 mm	18,80
>0,5 mm	19,30
>0,3 mm	15,20
>0,2 mm	11,70
>0,1 mm	9,60
<0,1 mm	3,06

Chemische Analyse der Einzelkomponenten
(Rheinhausen-Sintermischung)

	H₂O	Fe	Mn	P	S	SiO₂	Al₂O₃	CaO	MgO	Cu	Zn	Pb
Abbrände Dbg.	19,6	47,9	0,04	0,01	0,66	6,1	1,0	0,9	0,3			
Bomi Hill Kl.	0,7	63,5	0,15	0,10	0,10	5,7	1,1	0,8	2,1			
Bomi Hill Konz.	5,7	61,1	0,08	0,03	0,16	6,1	0,7	0,4	0,8			
Bong Range Konz.	4,3	62,8	0,04	0,03	0,01	5,4	0,2	0,3	0,2			
F'Derik FPA Kl.	0,9	65,4	0,04	0,07	0,01	2,0	1,0	0,3	0,1			
F'Derik FPB Kl.	1,0	63,3	0,04	0,09	0,02	5,1	1,8	0,2	0,1			
Gichtstaub-Stahl	9,1	44,2	0,50	0,15	0,22	6,0	2,4	4,9	1,2			
LD-Stb. Pellets	8,8	49,1	2,03	0,55	0,13	0,8	0,6	7,5	0,4	0,01	0,25	0,07
Mano River fein	10,2	54,0	0,23	0,06	0,10	4,2	3,2	0,2	0,5			
Nimba Kl.	6,0	62,2	0,10	0,05	0,01	2,3	0,9	0,3	0,1			
Rotmöller Kl. 1	1,9	42,7	0,07	0,17	0,12	18,6	2,4	5,9	0,9			
Sieg. Rostsp. fein	6,1	46,9	9,77	0,01	0,43	5,8	0,5	0,9	4,0			
Sinter Rotschlamm	0,3	33,6	0,26	0,09	0,23	7,8	24,1	2,6	0,4			
							6,1					
Walzenschlacke	5,1	69,1	0,35	0,02	0,02	0,3	0,4	0,2	0,1			
*Mischerz	6,5	57,3	0,5	0,09		6,6	2,6	2,5	0,7			

Die Durchführung der Slingerversuche begann ebenso wie die der Vergleichsversuche mit der Vorbereitung der Mischung nach den Normbedingungen. Die fertige Sintermischung (160 kg) wurde in den Erzbunker gegeben, dem Schleuderprozeß unterworfen und entsprechend den Vergleichsversuchen in der Normsinterpfanne gesintert und anschließend weiterbehandelt. Die Vergleichsversuche wurden bei 34 cm Schichthöhe durchgeführt. Zusätzlich zu den angeführten Empfehlungen wurde bei allen Versuchen die Gasdurchlässigkeit bestimmt.

Durch entsprechende Bewegung des Verfestigungsbandes über der Sinterpfanne ließen sich in der Pfanne Böschungsbildung und Entmischungserscheinungen ausschalten. Da hierbei die Pfannenfläche häufig überschritten wurde, mußte ein Materialverlust von ca. 60 kg berücksichtigt werden. Er tritt nur bei den Pfannenversuchen, nicht aber bei einer großtechnischen Beschickung des Sinterbandes auf.

Versuchsergebnisse

Zunächst wurden die Einflüsse der physikalischen Größen wie Feuchtigkeit und Koksgrusgehalt der Mischung auf den Sinterverlauf bei Anwendung der Normsinterpfanne ermittelt und danach Sinterversuche mit Slingeraufgabegerät durchgeführt.

Feuchtigkeit

Die Ergebnisse dieser Versuchsreihe, die mit der Ausgangsmischung bei einem konstanten Koksgrusgehalt von 6% durchgeführt wurden, sind in der folgenden Tabelle zusammeggefaßt.

Versuchsreihe Feuchtigkeit

Versuchsart	Feuchtigkeit [%]	Sinterzeit [min]	Sinterleitung [t/m² 24 h]	Kaltgasdurchlässigkeit bei 800 mm WS Unterdruck [Nm³/min m²]	Rückgutverhältnis $\frac{R_A \cdot 100}{R_E}$ [%]	Trommelfestigkeit >10 mm bei 75 U [%]	Abrieb <5 mm; 75 U [%]
Normsintern	6,6	16,75	32,4	42,0	81	69,0	12,7
,,	7,5	15,75	34,0	62,0	85	68,9	12,0
,,	8,2	23,5	24,4	64,0	98	70,2	11,9
,,	8,5	29,0	20,6	64,0	99	64,0	14,6
,,	9,0	29,0	20,9	64,0	98	66,2	14,4
,,	9,5	keine Sinterung		53,5	–	–	–
Slingersintern	6,3	20,0	25,4	38,5	90	71,1	11,6
,,	6,8	18,0	31,4	41,5	78	70,9	11,0
,,	7,3	18,0	32,0	58,5	80	74,5	11,2
,,	8,0	15,75	35,0	64,0	94	70,5	11,6
,,	8,3	18,5	31,5	64,0	91	70,0	11,4
,,	8,7	18,0	32,4	54,7	82	68,0	13,4
,,	9,3	21,0	22,6	55,0	128	56,5	18,5
,,	9,8	keine Sinterung		38,5	–	–	–

Es ergibt sich die bekannte Abhängigkeit der Sinterleistung vom Nässegehalt der Mischung. Die maximale Leistung in der Normsinterpfanne lag bei 7,5% Feuchtigkeitsgehalt und beträgt 34 t/m² 24 h, die des Slingerverfahrens bei 7,8% Feuchte 35 t/m² 24 h. Diese geringfügige Differenz läßt noch keine Aussage über eine Änderung der Verhältnisse zu (Abb. 29).

Aufschlußreicher ist die Tatsache, daß die Leistungskurve in der Normsinterpfanne bei Überschreiten des optimalen Feuchtigkeitsgehaltes steiler abfällt als die Slingersinterung. Die Ursache hierfür ist in der unterschiedlichen Krümelung zu suchen.

Die Feuchtkrümel bilden bei höheren Nässegehalten im Verlauf des Mischvorganges größere und runde Zusammenballungen. Hierbei werden die feinkörnig zugemischten Brennstoffteile so stark von den Erzteilchen eingebettet, daß der Zutritt der Verbrennungsluft erschwert wird; die Leistung nimmt trotz ausreichender Gasdurchlässigkeit ab.

Bei zu hohen Nässegehalten dürfte sich die Feuchtigkeitsanreicherung in der oberen Schicht auf die Zündfestigkeit negativ bemerkbar machen und verzögernd auf den Verbrennungsvorgang wirken.

Durch die Vorbehandlung des Sintermöllers mit dem Slinger erreicht man gleichmäßigere Krümel. Für deren günstigste Ausbildung gibt es ebenfalls einen optimalen Feuchtigkeitsgehalt, der sich aus den Maxima der Leistungs- und Kaltgasdurchlässigkeitskurven ergibt. Bei einer Steigerung des Nässegehaltes über den optimalen Wert hinaus schließen sich die mehr eckigen Krümel zu größeren plattenförmigen Einheiten zusammen. Nach der Beschickung wird der Luft ein größerer Widerstand entgegengesetzt. Der Koksgrus ist in diesem Fall der Verbrennungsluft leichter zugänglich als nach der Feuchtkrümelung.

In Abb. 30 sind Trommelfestigkeit und Abrieb des Fertigsinters in Abhängigkeit vom Feuchtigkeitsgehalt dargestellt. Diese Daten müssen zur Beurteilung der Sinterqualität herangezogen werden. Es zeigt sich eine gute Übereinstimmung der Sinterqualität des Slingerverfahrens mit der Normsinterung. Im Bereich der optimalen Feuchtigkeit (7,5–7,8%) erkennt man allerdings eine etwas höhere Festigkeit des nach dem Slingerverfahren hergestellten Sinters. Dies ist auf die Gleichmäßigkeit der Zwangskrümel über die gesamte Pfannenhöhe zurückzuführen.

Gleichzeitig läßt die unausgeglichene Rückgutbilanz (Rückgutaustrag kleiner Rückguteinsatz) des Slingersinters eine Leistungssteigerung gegenüber dem Normsintern bei entsprechender Veränderung des Koksgrusgehaltes erwarten.

Koksgrus

Durch folgende Versuche sollte der minimale Brennstoffbedarf bei ausgeglichener Rückgutbilanz und guter Sinterqualität ermittelt werden.

Die mit der Ausgangsmischung bei konstantem optimalen Feuchtigkeitsgehalt von 7,8% für verschiedene Koksgrusgehalte erzielten Ergebnisse sind in folgender Tabelle zusammengefaßt.

Aus der Abb. 31 geht hervor, daß bei Verringerung des Koksgrusgehaltes auf 5,8% eine Leistungssteigerung von ca. 8% gegenüber der Normsinterpfanne eintritt. Parallel dazu nimmt das Rückgutverhältnis R_A/R_E den angestrebten Wert von 100% an. Die Festigkeit des nach dem Slingerverfahren hergestellten Sinters liegt über der des Normsinters.

Versuchsreihe Koksgrus

Versuchs-art	Koks-grus-gehalt [%]	Sinter-zeit [min]	Sinter-leistung [t/m² 24 h]	Kaltgas-durch-lässigkeit bei 800 mm WS Unter-druck [Nm³/min m²]	Rückgut-ver-hältnis $\frac{R_A \cdot 100}{R_E}$ [%]	Trommel-festigkeit [%]	Abrieb [%]	Oxy-dations-grad [%]
Norm	5,6	16,25	33,5	64,0	105	64,5	13,5	97,0
,,	6,0	16,0	34,0	63,5	94	68,9	12,0	91,5
,,	7,0	20,5	30,2	63,5	77	72,3	10,0	74,2
,,	7,0	21,0	29,2	64,0	75	72,0	10,0	73,8
Slinger-sintern	5,0	17,25	23,8	63,0	143	54,0	19,0	97,4
,,	5,5	16,5	32,5	63,0	97	63,3	15,6	99,5
,,	5,8	15,0	36,5	64,0	100	68,2	12,5	95,1
,,	6,0	15,5	34,9	64,0	95	70,5	11,6	95,0
,,	6,5	16,5	29,7	64,0	81	71,6	11,5	82,4
,,	8,0	21,0	24,8	63,0	64	74,0	10,0	69,5

7.3 Vergleichsversuche II

Als Ausgangsmaterial für die nächste Versuchsreihe wurde eine optimale Sintermischung verwendet, die von der August-Thyssen-Hütte zur Verfügung gestellt worden war. Die Einzelkomponenten und ihre chemischen Analysen sind in den folgenden Tabellen angegeben.

Die Versuchsdurchführung blieb gleich der im vorigen Kapitel, nur wurde außer der Belastung von 8 Umdrehungen eine weitere Belastung von 25 Umdrehungen in der Micumtrommel durchgeführt.

	%
Absieberz (EBUS)	20,0
Marampa-Feinerz	5,0
Bomi Hill-Konz.	15,0
Bong Range-Konz.	20,0
Purpurerz	15,0
Meggener Abbrände (II)	10,0
Gichtstaub	4,0
SM-Schlacke	1,5
Bauxit	1,5
Dolomitmehl	6,5
Hydratkalk	1,5
	100,0

Chem. Analyse

Bezeichnung	Fe %	Mn %	P %	SiO$_2$ %	TiO$_2$ %	Al$_2$O$_3$ %	CaO %	MgO %	S %	Cu %	Zn %	K$_2$O %	Na$_2$O %	Gl.V. %
Purpurerz	60,5	0,03	0,015	8,12	0,11	1,23	0,55	0,20	0,56	0,065	0,18	0,15	0,20	1,8
Stahlstaub	41,7	0,27	0,081	7,39	0,14	1,92	6,40	1,50	0,34	0,010	0,49	0,65	0,25	20,3
Meggener Abbr., Sorte II	46,4	0,22	0,020	16,21	0,24	3,49	2,20	0,60	1,42	0,034	1,39	0,90	0,30	5,1
Rückgut	58,3	0,15	0,044	7,67	0,24	2,08	5,30	2,00	0,010	0,019	0,16	0,20	0,20	+
Sintermischung 20.30	54,0	0,12	0,048	6,53	0,24	1,72	4,70	1,90	0,27	0,016	0,18	0,20	0,25	6,5
Absieberz	65,1	0,10	0,050	3,86	0,08	0,87	<0,10	<0,10	0,006	0,00	0,010	<0,10	<0,10	2,0
Bauxit	33,4	0,20	0,058	5,67	5,30	20,1	3,40	0,30	0,11	0,010	0,010	<0,10	2,60	11,4
Bong Bange	65,0	0,04	0,019	7,51	0,07	0,19	0,20	0,20	0,020	0,00	0,00	<0,10	<0,10	+
Bomi Hill	64,6	0,09	0,046	6,47	0,11	0,71	0,10	0,80	0,14	0,00	0,00	0,20	<0,10	+
Marampa fein	58,5	0,37	0,026	7,88	0,36	4,22	<0,10	<0,10	0,026	0,00	0,00	0,10	<0,10	3,6
SM-Schlacke	22,7	4,00	0,75	10,19	0,42	2,12	34,2	10,6	0,15	0,00	0,025	0,10	<0,10	
Dolomit	0,62			0,88		0,30	32,0	19,8	0,014					46,0
Hydratkalk	0,37			0,59		0,21	71,2	0,60	0,075					26,5
Koks	0,80	0,03	0,020	3,92	0,06	2,39	0,10	0,10	0,76					91,4

Feuchtigkeit

In der Abb. 32 wurde der Rückgutanfall bei konstantem Koksgrusgehalt von 5,5% und in der unteren Abb. 33 die Sinterleistung als Funktion des Feuchtigkeitsgehaltes im Sintermöller aufgetragen. Bei einer Feuchte von 8% erhöht sich gegenüber einer 7prozentigen Feuchte der Rückgutanfall gleichermaßen beim Norm- wie beim Slingerversuch, wobei die Normsinterkurve bei tieferen, d. h. bei besseren Rückgutwerten liegt als die Slingersinterkurve. Auch die Sinterleistung liegt beim Normversuch bei Feuchtigkeitsgraden von 7 auf 8% höher als beim Slingerverfahren.

Versuchs-art	Feuch-tigkeit	max. Tempe-ratur	Sinter-zeit	Sinterleistung		Rückgutanfall		Trom-mel-festig-keit	Abrieb
	[%]	[°C]	[min]	[t/m² 24 h]		[%]		[%]	[%]
				8 U	25 U	8 U	25 U		
Norm	7	500	14	37,0	28,6	22	40	76,7	9,46
Norm	8	520	15	36,3	27,6	25	44	76,5	10,5
Slinger	7	480	13	33,9	21,7	38	60	63,5	18,9
Slinger	8	560	17	25,5	15,8	41	64	60,0	22,7

Versuchs-art	Koks-grus-gehalt	max. Tempe-ratur	Sinter-zeit	Sinterleistung		Rückgutanfall		Trom-mel-festig-keit	Abrieb
	[%]	[°C]	[min]	[t/m² 24 h]		[%]		[%]	[%]
				8 U	25 U	8 U	25 U		
Norm	4,3	420	16,5	29,9	20,2	32	54	65,7	17,4
Norm	5,5	500	14	37	28,6	22	40	76,7	9,46
Norm	6,8	460	15	35,1	27,3	22	40	77,4	8,0
Norm	8,0	580	15	35,5	26,7	24	42	91,5	9,5
Norm	10,0	430	16	33,4	27,0	21	34	81,0	6,25
Slinger	4,3	390	20	19,8	9,8	44	72	51,3	32,7
Slinger	5,5	480	13	33,9	21,7	38	60	63,5	18,9
Slinger	6,8	400	13	38,1	28,0	29	48	73,2	10,8
Slinger	7,0	460	14	30,7	21,5	35	55	70,0	13,2
Slinger	8,0	500	12	35,1	24,1	34	54	69,4	10,44

Koksgrus

Aus der folgenden Abb. 34 (s. auch obige Tabellen) ist zu ersehen, daß sich zwar mit steigendem Brennstoffzusatz und konstanter Feuchte (5,5%) der Rückgutanfall sowohl in der Normsinterpfanne wie auch durch Slingersinterung senken läßt, daß aber eine Erhöhung über 6,8% hinaus keine Verbesserung mehr bringt. Zudem liegen Koksgrusgehalte von mehr als 8% für betriebstechnische Betrachtung zu hoch.
Auch die Sinterleistungskurven (s. folgende Abb. 35) erreichen bei knapp 7% Koksgrusgehalt ihre optimalen Werte; auffällig ist auch hier, daß durch eine Slingerung dieser guten Sintermischung keine Verbesserung gegenüber den Versuchen in der Normsinterpfanne erreicht werden konnten.

8. Zusammenfassung, Diskussion der Versuchsergebnisse

Bei den bisher durchgeführten Sinterversuchen im Laboratorium bzw. in kleintechnischen Versuchsanlagen hat sich das Fehlen einer geeigneten Vergleichsprüfmethode für die Beurteilung verschiedener Sinteranlagen und Sintermöller als nachteilig erwiesen. Mit dem Ziel der Beseitigung dieser Schwierigkeit hat eine Arbeitsgruppe mehrerer europäischer Länder im Jahre 1963 Empfehlungen für die Normung der Sinterprüfverfahren vorgeschlagen.

Die Sichtung des Schrifttums ergibt, daß eine Vielzahl von Veränderlichen den Sintervorgang mehr oder minder stark beeinflußt. Bei der Normung der Sinterprüfverfahren wurden nur die tatsächlich für einen gleichmäßigen Ablauf der Sinterung notwendigen Bedingungen wie Vorbehandlung des Sintermöllers, die Beschickung der Sinterpfanne, die Zündung der Sinterschicht sowie die Bestimmung der Rückgutmenge vereinheitlicht.

Die vorliegende Arbeit hat sich zur Aufgabe gemacht, die auf internationaler Basis erarbeiteten Empfehlungen versuchsmäßig zu erproben. Zu diesem Zweck wurde die *Aachener Normsinterpfanne* gebaut.

Für eine gegebene Sintermischung wurden Vergleichsversuche in Aachen einmal in der Normsinterpfanne und zum anderen in einer runden Pfanne mit 300 mm Innendurchmesser durchgeführt. In beiden Fällen wurden bezüglich der Vorbehandlung der Mischung, der Zündung und der Bestimmung der Rückgutmenge die Vorschriften der Vereinheitlichung der Pfannensinterversuche soweit wie möglich eingehalten. Die Aufgabe des Sintermöllers erfolgte bei der Normsinterpfanne gemäß den Empfehlungen über das schräge Aufgabeblech, bei der runden Pfanne aber durch Einfüllen des Materials mittels einer Schaufel.

Die Aufgabenmethode bei der Normsinterpfanne erscheint zwar aufwendig, hat aber den Vorteil, daß sie einerseits die individuellen Vorgänge bei der Beschickung von Sinterbändern (Entmischung des Sintermöllers auf dem Sinterband) berücksichtigt, andererseits subjektive Einflüsse, wie beim Einfüllen des Sintermöllers mit einer Schaufel, ausschaltet.

Es zeigt sich, daß die Ergebnisse der Normsinterpfanne von denen einer Sinterung in einer runden Pfanne mit anderer Aufgabemethode in den Punkten sehr deutlich voneinander abweichen, die für einen gleichmäßigen Verlauf der Sinterung von Bedeutung sind.

Vergleichsuntersuchungen in der Aachener Normsinterpfanne und in der Sinterversuchsanlage beim Hüttenwerk Ijmuiden haben die deutlichen Abweichungen bei Anwendung unterschiedlicher Sintermethoden bestätigt.

Die Ergebnisse der Normsinterpfannenversuche sind gut reproduzierbar, was besonders in der ermittelten Sinterzeit und in der Bestimmung des Rückgutes und des Abriebs zum Ausdruck kommt. Die Sinterzeiten der Normsinterung haben dabei eine Toleranz von $\pm 0{,}25$ min, während diejenigen in einer runden Pfanne $\pm 0{,}50$ bis $0{,}75$ min betragen.

Zu große Schwankungen in den Sinterzeiten lassen aber keine klaren Aussagen über die Sinterfähigkeit einer Sintermischung zu. Die Notwendigkeit der Normung der Sinterprüfverfahren wird durch diese Tatsache eindeutig unterstrichen. Bei der Bestimmung der Rückgutmenge werden die Empfehlungen insofern erweitert, als der Einsatz des gesamten Sinterblocks in die Micumtrommel ohne vorheriges Stürzen erfolgt.

Durch die Anzahl der Umdrehungen der Trommel lassen sich die Verhältnisse den tatsächlichen Bedingungen einer betrieblichen Bandsinteranlage angleichen, während zwei- oder viermaliges Stürzen nach der herkömmlichen Methode als zu ungenau und zu subjektiv angesehen wird.

Die Modifizierung der Rückgutmengenbestimmung wurde in einer weiteren Versuchsreihe, in der die Normsinterpfanne der Slingersinterung als Prüfverfahren gegenübergestellt wurde, erprobt. Diese Versuche haben die Richtigkeit der Aachener Methode zur Bestimmung der Rückgutmenge nachdrücklich bestätigt.

Anhang

Abb. 1

Abb. 2

Abb. 3

Abb. 4

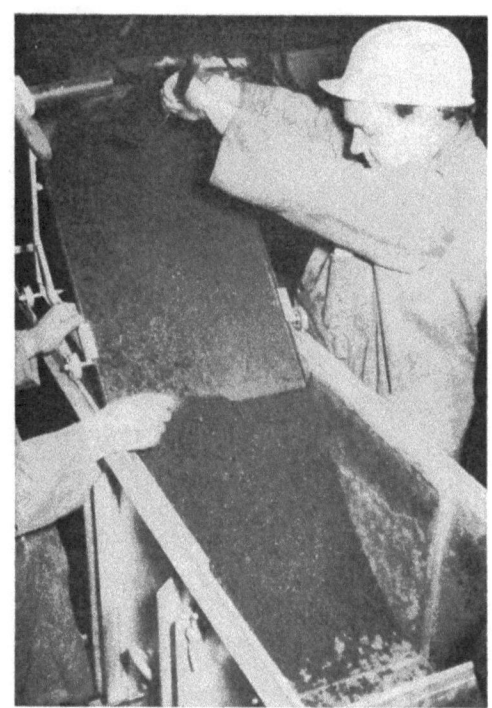

Abb. 5

Abb. 6

Abb. 7

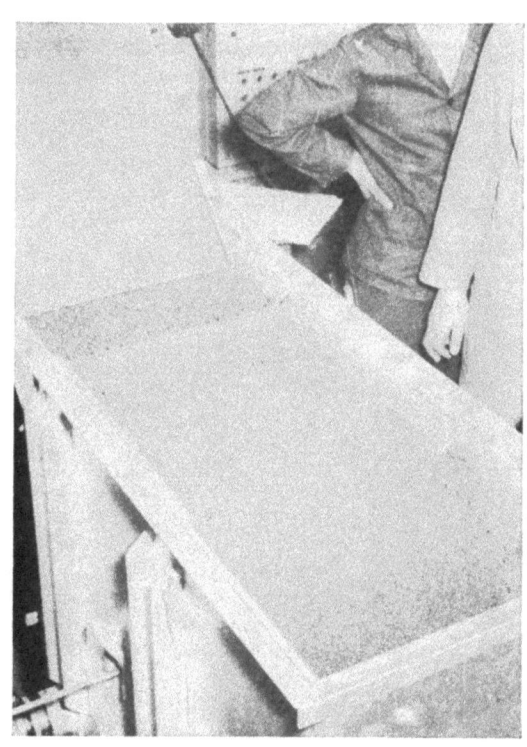

Abb. 8

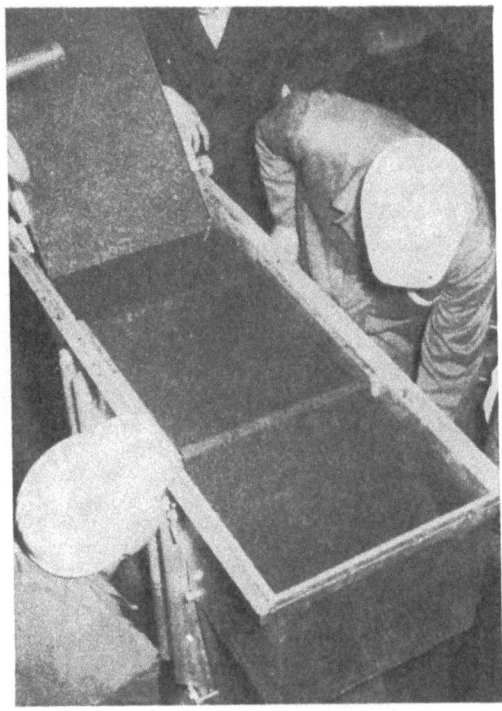

Abb. 9

Abb. 10

Abb. 11

Abb. 12

Abb. 13

Abb. 14

Abb. 15

Abb. 16

Abb. 17

Abb. 18

Abb. 19

Abb. 20

Abb. 21

Abb. 22

Abb. 23

Abb. 24

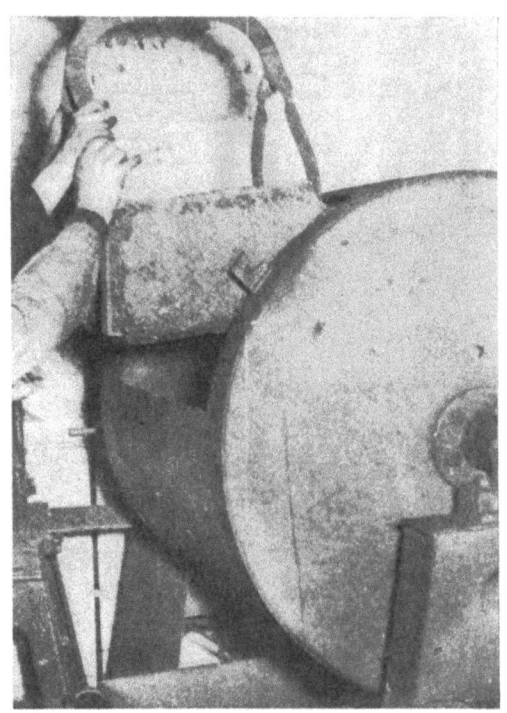

Abb. 25

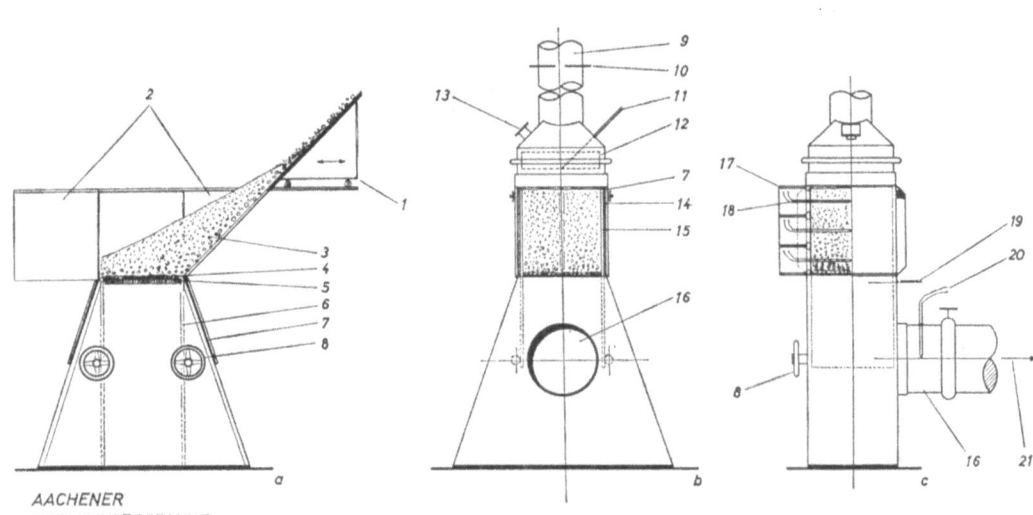

AACHENER
NORMSINTERPFANNE

a Arbeitsstellung, Beschickung
b Versuchsablauf
c Seitenansicht

1 Beschickungswagen
2 Beschickungswanne, abnehmbar
3 Sintermischung
4 Rostbelag
5 Rost
6 Messer
7 Seitenwände, klappbar
8 Handrad zum Hochfahren der Messer
9 Zündhaube
10 Meßblende
11 Zündlunte
12 Zündschlange
13 Schauloch
14 Asbestdichtung
15 Messer, hochgefahren
16 Absaugvorrichtung
17 Temperaturmeßvorrichtung für das Sinterbett
18 Thermoelement mit Meßstelle
19 Messung des Unterdruckes
20 Thermoelement zur Messung der Abgastemperatur
21 zum Saugventilator

Abb. 26

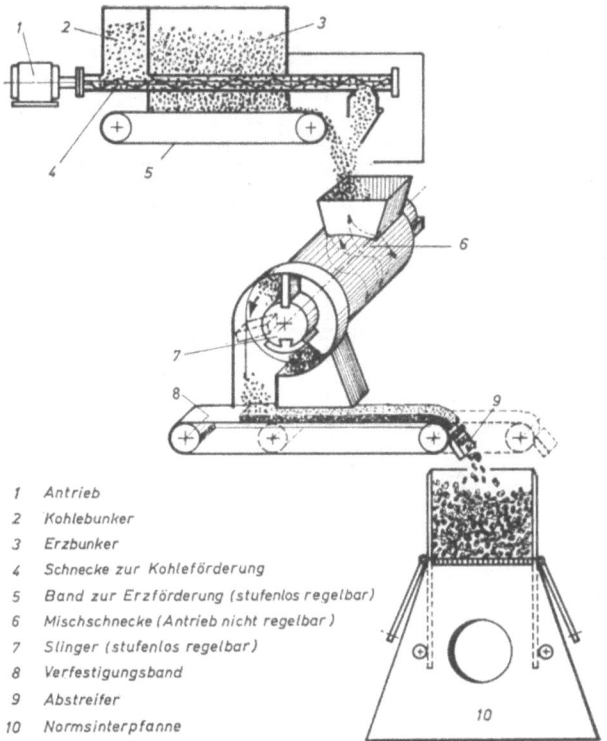

1 Antrieb
2 Kohlebunker
3 Erzbunker
4 Schnecke zur Kohleförderung
5 Band zur Erzförderung (stufenlos regelbar)
6 Mischschnecke (Antrieb nicht regelbar)
7 Slinger (stufenlos regelbar)
8 Verfestigungsband
9 Abstreifer
10 Normsinterpfanne

Abb. 27

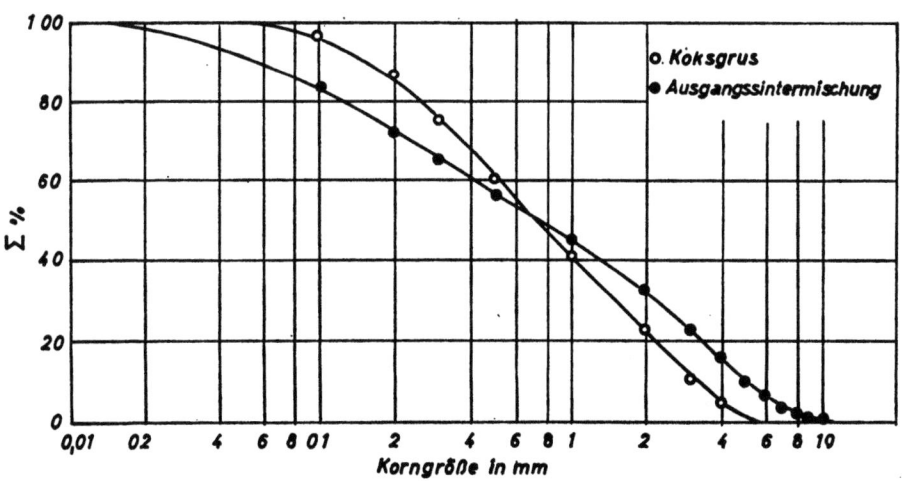

Abb. 28

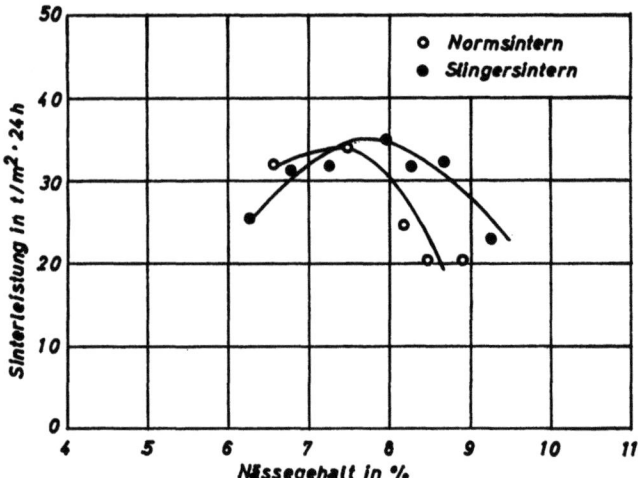

Abb. 29

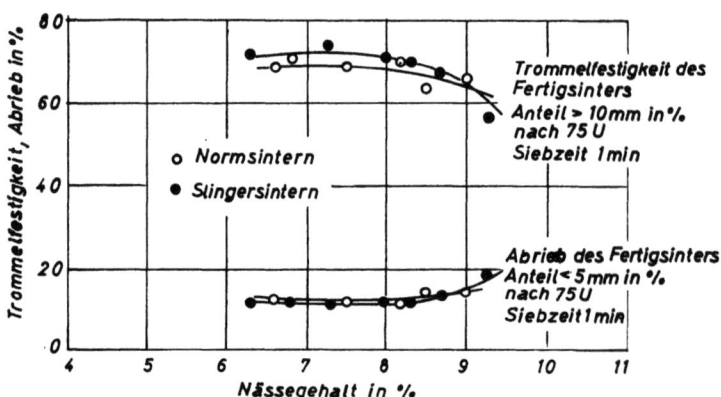

Abb. 30

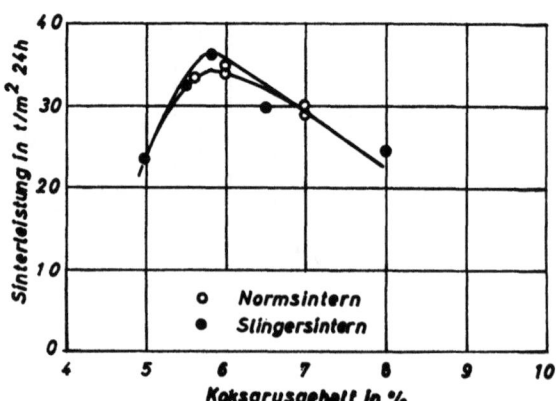

Abb. 31

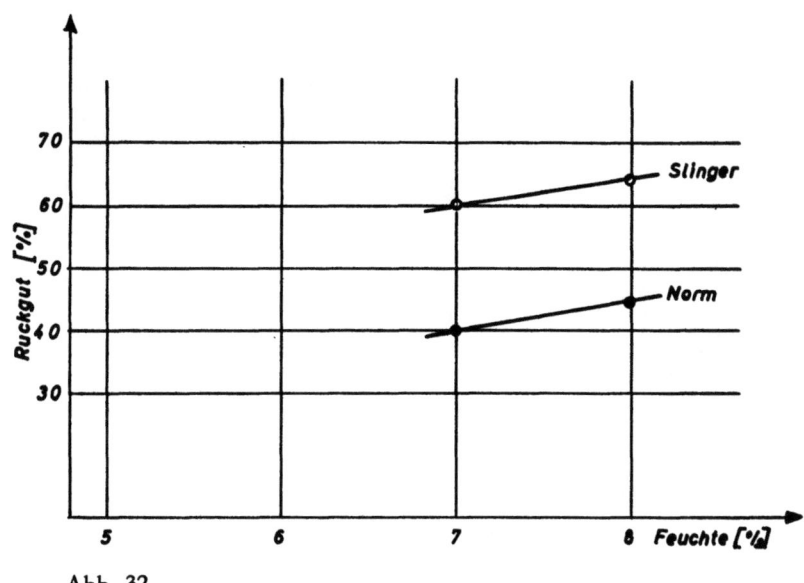

Abb. 32

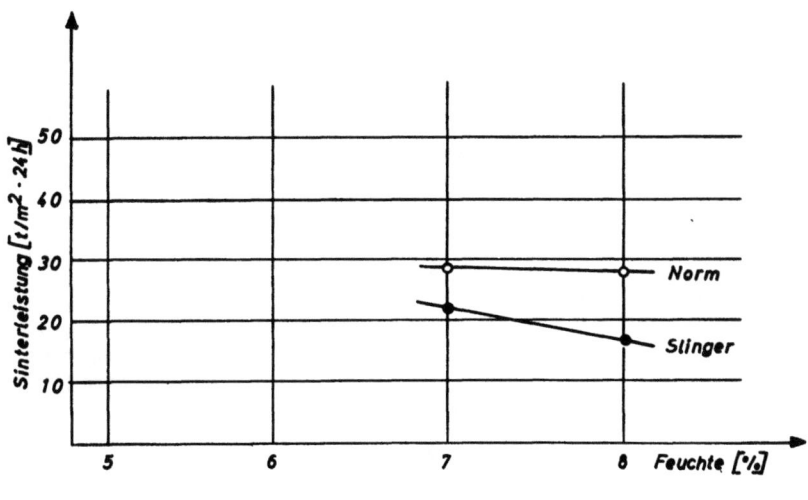

Abb. 33

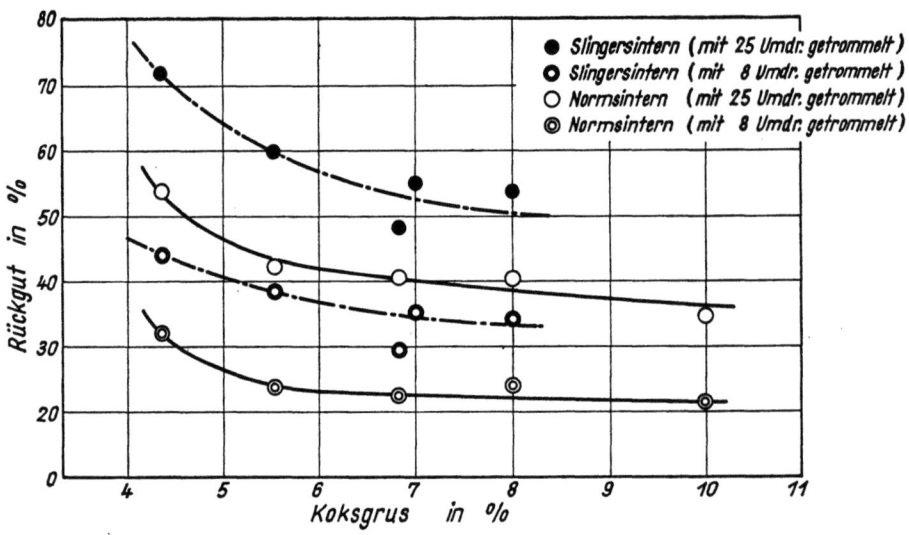

Abb. 34

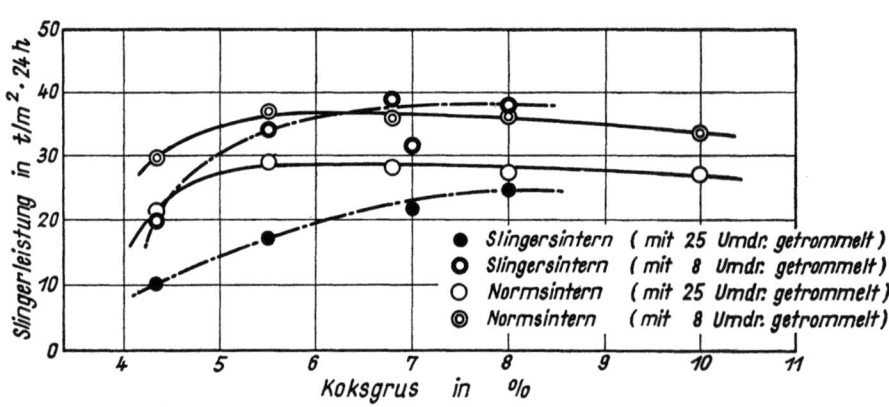

Abb. 35

Forschungsberichte des Landes Nordrhein-Westfalen

Herausgegeben im Auftrage des Ministerpräsidenten Heinz Kühn
von Staatssekretär Professor Dr. h. c. Dr. E. h. Leo Brandt

Sachgruppenverzeichnis

Acetylen · Schweißtechnik
Acetylene · Welding gracitice
Acétylène · Technique du soudage
Acetileno · Técnica de la soldadura
Ацетилен и техника сварки

Arbeitswissenschaft
Labor science
Science du travail
Trabajo científico
Вопросы трудового процесса

Bau · Steine · Erden
Constructure · Construction material ·
Soil research
Construction · Matériaux de construction ·
Recherche souterraine
La construcción · Materiales de construcción ·
Reconocimiento del suelo
Строительство и строительные материалы

Bergbau
Mining
Exploitation des mines
Minería
Горное дело

Biologie
Biology
Biologie
Biologia
Биология

Chemie
Chemistry
Chimie
Quimica
Химия

Druck · Farbe · Papier · Photographie
Printing · Color · Paper · Photography
Imprimerie · Couleur · Papier · Photographie
Artes gráficas · Color · Papel · Fotografía
Типография · Краски · Бумага · Фотография

Eisenverarbeitende Industrie
Metal working industry
Industrie du fer
Industria del hierro
Металлообрабатывающая промышленность

Elektrotechnik · Optik
Electrotechnology · Optics
Electrotechnique · Optique
Electrotécnica · Optica
Электротехника и оптика

Energiewirtschaft
Power economy
Energie
Energía
Энергетическое хозяйство

Fahrzeugbau · Gasmotoren
Vehicle construction · Engines
Construction de véhicules · Moteurs
Construcción de vehículos · Motores
Производство транспортных · Средств

Fertigung
Fabrication
Fabrication
Fabricación
Производство

Funktechnik · Astronomie
Radio engineering · Astronomy
Radiotechnique · Astronomie
Radiotécnica · Astronomía
Радиотехника и астрономия

Gaswirtschaft
Gas economy
Gaz
Gas
Газовое хозяйство

Holzbearbeitung
Wood working
Travail du bois
Trabajo de la madera
Деревообработка

Hüttenwesen · Werkstoffkunde
Metallurgy · Materials research
Métallurgie · Materiaux
Metalurgia · Materiales
Металлургия и материаловедение

Kunststoffe
Plastics
Plastiques
Plásticos
Пластмассы

Luftfahrt · Flugwissenschaft
Aeronautics · Aviation
Aéronautique · Aviation
Aeronáutica · Aviación
Авиация

Luftreinhaltung
Air-cleaning
Purification de l'air
Purificación del aire
Очищение воздуха

Maschinenbau
Machinery
Construction mécanique
Construcción de máquinas
Машиностроительство

Mathematik
Mathematics
Mathématiques
Mathemáticas
Математика

Medizin · Pharmakologie
Medicine · Pharmacology
Médecine · Pharmacologie
Medicina · Farmacología
Медицина и фармакология

NE-Metalle
Non-ferrous metal
Metal non ferreux
Metal no ferroso
Цветные металлы

Physik
Physics
Physique
Física
Физика

Rationalisierung
Rationalizing
Rationalisation
Racionalización
Рационализация

Schall · Ultraschall
Sound · Ultrasonics
Son · Ultra-son
Sonido · Ultrasónico
Звук и ультразвук

Schiffahrt
Navigation
Navigation
Navegación
Судоходство

Textilforschung
Textile research
Textiles
Textil
Вопросы текстильной промышленности

Turbinen
Turbines
Turbines
Turbinas
Турбины

Verkehr
Traffic
Trafic
Tráfico
Транспорт

Wirtschaftswissenschaften
Political economy
Economie politique
Ciencias económicas
Экономические науки

Einzelverzeichnis der Sachgruppen bitte anfordern

Westdeutscher Verlag · Köln und Opladen
567 Opladen/Rhld., Ophovener Straße 1–3, Postfach 1620

If you have any concerns about our products,
you can contact us on
ProductSafety@springernature.com

In case Publisher is established outside the EU,
the EU authorized representative is:
**Springer Nature Customer Service Center GmbH
Europaplatz 3, 69115 Heidelberg, Germany**

Printed by Libri Plureos GmbH
in Hamburg, Germany